DISCOVRS,
AR LEQVEL
EST PROVVE' CON-
tre le Paradoxe huictiesme de la premiere decade de Mōsieur Laur. Ioubert, que la concoction du ventricule laquelle est mise pour la premiere se fait plustost & plus parfaitemēt en ceux qui dorment qu'en ceux qui veillent, & qu'il y a vne certaine proprieté en la chaleur du ventricule, par laquelle il chylifie.

Par Israel Harvet. D. M. O.

A NIORT,
Par Thomas Portau.

A MONSIEVR, MONSIEVR

de Guinefolle, Conseiller du Roy, President en l'Election de Fontenay le Conte.

Onsieur iavois tousiours estimé que demander s'il est meilleur de manger plus à souper qu'a disner, estoit vne question de gens seulement non versez en la cognoissance de la Medecine:mais depuis quelques mois en ça, m'estant tombé entre les mains, vn livre des Paradoxes de Monsieur Ioubert,entre lesquels ie vey qu'il defendoit que la concoction du ventricule se fait mieux en ceux qui veillēt qu'en ceux qui dorment,en mesme temps ie changay d'avis, & confessé que puis-qu'vn tel homme defendoit cette proposition,que ce n'estoit sans propos qu'elle estoit si souvant mise sus le beureau des propos de table, & veritablement encore que tous les hommes n'ayent visité les livres d'Hppocrate, si est il certain qu'il s'en trouve qui sont douez d'vne telle vivacité de esprits que des divers effets qu'ils auront observé,durant les maladies & la santé , ils en sçavent tirer des preceptes & maximes certaines & infallibles. Or ie ne diray

point icy ce que i'estimay des raisons du Paradoxe de M. Ioubert, mais seulement que m'estant
advenu depuis, d'en cõmuniquer en vostre maison avec Monsieur de la Gueriniere, qu'enfin à
sa persuasion ie me resolu d'en escrire ce que i'en
pensois, son advis fut que ie le devois mettre en
François pour le contentement de plusieurs, qui
sont capables d'entẽdre & de iuger de choses encore plus grandes en cette langue, & non pas en
aucune autre, de sorte qu'il me fallut aussi tour-
ner eñ François le Paradoxe de M. Ioubert. On
dira que pour ces raisons, c'estoit à luy que ie devois le presenter, & ces raisons, & son sçavoir
& merite, qui l'on rendu digne d'estre Conseiller
d'vne Court de Parlement, & finalemẽt l'extreme amitié de laquelle il m'honore, demãdent encore de plus grande choses de moy, si i'en avois le
pouvoir, mais çà esté en vostre maison que la re-
solution en fut prise, çà esté vous qui m'avez in-
troduit au nombre de ceux qu'il repute ses amis,
il est vostre gendre, vous estes le premier qui m'a-
vez obligé pour toute ma vie. C'est donc à vous
Mõsieur, qu'il doit estre presenté pour vn tesmoi-
gnage perpetuel, de ce que vous pouvez attendre
d'vn homme qui demeurera à iamais Monsieur

Vostre humble & tres-affeƈtionné ser-
uiteur I. Haruet.

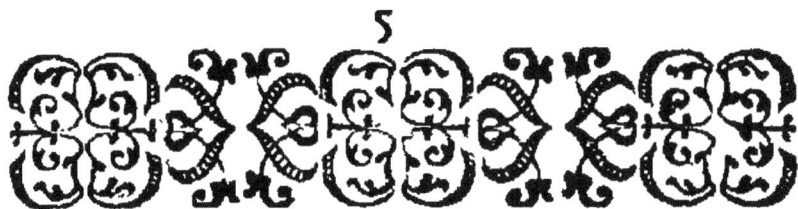

QVE LA CONCOCTION DV Ventricule laquelle eſt miſe pour la premiere, ſe fait pluſtoſt & plus parfaitement en ceux qui dormēt qu'en ceux qui veillent, & qu'il y a vne certaine proprieté en la chaleur du ventricule par la quelle il chyliſie.

E N C O R E que l'opinion qu'im-pugne Monſieur Ioubert ſoit fōdee depuis plus de deux mille ans, receuë & approuuee par les plus excellens auteurs de la Me-decine, ſi eſt ce que des l'étree de ſon diſcours il ne promet rien moins, que de la convain-cre de faux, par le teſmoignage de l'experien-ce, & la raiſon. Veritablement ainſi que ces deux teſmoins ſeparez ſont ſubjets à caution, auſſi peut on dire, que conjoints, ils ſont du tout irreprochables, & pourtant Hippocrate advertit que pour faire la Medecine (qui ha la vie de l'hōme pour ſon objet) il ne ſe faut fier ou à la raiſon ſeule, ou à l'experience ſeule. Mais je m'eſtonne d'vne choſe, c'eſt comment il s'eſt peu faire que l'experience & la raiſon, qui ont touſiours eſté les deux fideles & inſepaprables recors d'Hippocrate en tous ſes eſcrits, l'ayent maintenant quitté, pour depoſer en ce fait contre luy. Ie ne puis autrement croire, ſinon que ce ne ſont point eux, mais faux teſmoins, & pourtant nous les faut examiner de pres. Oyons donc leur depoſition.

Car puiſque il n'y à que huit heures du diſner au ſouper &c.

Voyci en ſomme ce que veut dire M. Ioubert, comprins en ce ſyllogiſme.

Le temps durant lequel on ha pluſtoſt faim eſt celuy durant lequel le ventricule cuit le mieux:

On ha pluſtoſt faim durant la veille que durant le dormir;

Le ventricule cuit donc mieux durant la veille que durant le dormir.

M. Ioubert à creu que la premiere propoſition de cet argument, ſe recevroit ſans aucune difficulté, car il ne s'eſt aucunement mis en peine de la prouver, quant à la ſeconde, il la côfirme, premierement, par ce qui eſt or-

dinaire presque en tous, asçavoir que la nuit
on ne se reveille pressé de la faim pour manger, secondement, par comparaison qu'il
fait de ceux qui dorment de jour contre leur
coustume, avec ceux qui veillent de nuit contre leur coustume: Car ceux la n'ont point de
faim l'heure estât venue, a laquelle ils avoient
accoutumé de manger, & au contraire ceux
ci, ont plus de faim que de coustume, il prouue encore ceci par les tireurs d'huille & de
vin, qui mangent & boiuent toute nuit. M.
Ioubert s'est amusé a prouuer vne chose de la
quelle personne ne doubte: ce que nul ne luy
accordera il l'ha pris pour vn principe, asavoir
que la faim est vn signe de la concoction des
aliments contenus dans le ventricule. Car il
n'y a personne qui ne sache que c'est l'innanition du ventricule qui engédre la faim (sup-
posant que le ventricule soit sain) & non la
concoction des aliments contenus en iceluy.
" Et pourtant Gal. dit, donc tout ainsi que la
" fin de manger aux animaux est que le ventricule soit plain, ainsi &c. aussi definit on la
faim, vn appetit de l'alimét qui defaut, nõ seu
lemét aux autres parties de nostre corps, mais
aussi, & premierement au ventricule, & pour

Faeult.
natur liu.
3. ch. 13.

cette cauſe M. Ioubert au 2. paradoxe de la 1.
" decad. toutefois comme nous diſions cy
"devãt, quelquefois l'eſtomach n'appete rien
" a cauſe qu'il eſt plain d'humeur jaçoit
" que les autres parties jeunent, & vn peu au
" paravant il avoit dit. Pource le ventricule e-
" ſtant plain de pituite, nous n'avons point
d'appetit. Mais qu'eſt il beſóin de cercher des
paſſages hors ce paradoxe, pour mõſtrer que
l'innanition eſt cauſe de la faim ? en voici vn
tout proche de nous. *S'ils appetent tant de fois*
il faut qu'autãt de fois le ventricule ſoit vuide.
Il ne dit pas, qu'il faut que le ventricule aye
cuit autant de fois, qui eſt cependant ce qu'il
devoit inferer, ſi la concoction eſtoit cauſe
de la faim, & la faim ſigne de la concoction
faite. Mais dira quelqu'vn, apres que le ventricule a cuit les aliments, & attiré en ſes tu-
niques ce qui luy eſt agreable, il chaſſe le reſte, comme charge onereuſe, & puis la faim
retourne: donc la faim ſera vn ſigne de la con
coction. Ie reſpon que ſi jamais les aliments
ne ſortoient du ventricule, qu'ils ne fuſſent
cuits, que veritablement la faim encore que
premierement & de ſoy elle ne ſignifie que
l'innation du ventricule, ſeroit vn ſigne cer-

tain de la côcoction des alimêts:mais moyē-
nant cette suppofition , or d'autant que bien
fouvent les aliments font vuidez du ventricule devant la concoction faite, c'eft pourquoy
regardants ce qui avient ordinairement , &
laiffans ce qui n'eft neceffaire que par fuppo-
fition, nous difons que la faim naturelle eft
vn figne de l'innanition feulement du ventricule , & non de la concoction : le principe de
M. Ioubert ne peut dôc fubfifter mais ceftuy
cy . Le téps durant lequel on ha pluftoft faim
eft celuy auquel l'eftomach eft pluftoft vuide
& de la on peut ainfi inferer. Or eft il qu'on
ha pluftoftfaim durant la veille,que durant le
temps du dormir , donc l'eftomach eft pluftoft vuide durantla veille que durant le temps
du dormir.Ie refpon donc maintenant que ce
qui fait que ceux qui veillent extraordinaire-
ment & travaillent de mefme, ont faim,c'eft
l'innanition du ventricule qui avient pluftoft
durant l'excercice, que durant le repos,durât
la veille que durant le dormir , & finalement
pluftoft durant le jour que durant la nuit, car
par l'excercice,la veille,& le jour, il fe fait vne
plus grande diffipation d'efprits que durant le
repos,le dormir & la nuit. Voy ons les autres

raiſons de M. Ioubert.

Pourquoy eſtce que nous ne conſeillons qu'vn
chacun dorme incontinent apres le repas.

Voyci l'argument de M. Ioubert. Les
Medecins ne cõſeillent pas de dormir incon
tinent apres le repas, mais au contraire de
veiller quelques heures, dõc le ſommeil n'eſt
profitable à la concoction du ventricule. Ie
reſpon que comme les Medecins ne conſeil-
lent pas abſoluement de dormir, qu'auſſi ils
ne le defendent pas abſoluement:mais ont é-
gart a la couſtume & aux ſaiſons. Hippocrat.
conſeille de dormir vn peu apres diſner en E-
ſté, ſi on n'a dormi devant, il veut pour le
moins qu'on dorme apres. Mais ſur tout leur
conſeil eſt, de no'bſerver touſiours vne meſme façon de vivre. C'eſt le premier precepte
de Celſe en ſes liures, il l'avoit apris d'Hipp.
"qui dit en l'Aph.50.l.2. que les choſes acou
" tumees de long tẽps encore qu'elles ſoient
" pires, bleſſent moins que les non accouſtu
" mees, & partant qu'il faut auſſi s'adonner
" aux choſes non accouſtumees.Or eſt il dõc
que l'homme n'eſtant point né pour la panſe
& la graiſſe comme les pourceaux. Les Medecins ne veulent point que l'homme prene

vne couftume incivile, & mal propre à exce-
cuter ce qui eft de l'homme , car s'ils auoient
vnefois pris cette conftume il ne leur feroit
facile de s'en empefcher quelque afaire qui
peut leur furvenir , & s'ils s'en abftenoient fe
ne feroit fans fe trouver mal , & pourtant dit
Gal. au comment. de l'Aphor. maintenant
cité, Hippocr. veut qu'on eflaye toutes chofes. Mais que le dormir qui fe fait incontinét
apres le repas , n'eft nuifible à la concoction,
ains au contraire eft profitable,chacun le peut
aprendre du payfan , qui ordinairement fe
couche ayant encore le morceau dans la
bouche.

*Mais le vulgaire mefme ha pour fufpect le
dormir du midi.*

Vn hôme qui à efcrit vn livre des opinions
du peuple qu'il intitule les erreurs populaires,
peut il eftre receu à produire le vulgaire pour
defendre fon opiniô?Ne me puis jepas fervir
des mefmes caufes de recufatiôque luy?Mais
il n'eft contre moy,&m'eftonne comment il
à dit ceci, veu que il n'y à payfan, n'i artifan
qui ordinairement ne face vn petit fom-
me apres difner , & principalement en Efté
quant à l'hyver, le froid , & faute d'en auoir

envie les empefche. Ioint auffi que le jour eſt
ſi court qu'a grand peine peut il ſuffire pour
faire la moindre afaire qu'on ſauroit auoir.

*Tellement que Celſe à bien admonneſté que du-
rant les longs iours quant il eſt queſtion de dormir vers le midi qu'il faut pluſtoſt dormir devant le repas.*

Ce n'eſtoit la peine d'en faire à deux fois,
du texte de Celſe pour le peu qu'il y à de reſte, qui eſt ſinon il faut dormir apres le repas. Le mot de pluſtoſt monſtroit bien qu'il
y avoit encore quelque choſe, tant y à donc
qu'il ne condamne point le dormir d'apres
diſner, ains au contraire il l'approuve & l'ordonne, mais il prefere celuy de devant le repas, d'autant qu'eſtant vtile à la concoction
il offence moins d'aileurs, car il ramaſſe auſſi bien les eſprits & la chaleur au dedans, que
celuy qui ſe fait apres, & ne remplit tant le
cerveau de vapeurs à cauſe que le ventricule
eſt encore vuide, & d'abondant on ne reſent
point l'incommodité qui ſuit bien ſouvent la
concoction interrompue qui ſont facheux ra-
ports & force ventoſitez rempliſſants l'eſtomach. Au demourant, que ce n'a eſté l'opinió
de Celſe que le dormir fut nuiſible à la con-

coction du ventricule. Il est trop manifeste
pour en douter , ainsi qu'on peut voir conti-
nuât le texte qu'a cité M. Ioubert, car il pour-
« suit ainsi. Durant l'hyver il faut se reposer
« toute la nuit : mais s'il faut veiller la nuit il ne
« faut pas que ce soit apres le repas , mais a-
« pres la concoction faite. Et au mesme chap.
« des le commencement il avoit dit. Celuy
« qui à bien cuit il se peut lever surement
« celuy qui à peu cuit, se doit reposer , & si il
« luy à esté necessaire de se lever au matin, il
« faut qu'il retourne dormir , celuy qui n'a
« point cuit, il faut qu'il se repose du tout &
« qu'il ne face aucune afaire, travail n'y exer
cice. Par ces passages on peut juger s'il à pen
sé que le dormir fut nuisible à la concoction
M. Ioubert fait vn autre argumét qui est, que
si le dormir luy estoit vtile, que le plus long
seroit plus profitable que le plus court , & le
prouve par l'autorité de Paul Æginete , on
luy accorde, mais le plus long est plus nuisible
que le plus court, dit-il, on luy nie & faut prou
ver cette proposition, car c'est la question de
laquelle nous sômes en disputes , ou peu s'en
faut, si on dit qu'il la prouve en ces mots sui-
vants.

Mais à mon iugement le dormir d'apres dif-
ner est nuisible tant pour les raisons susdites, que
pource que la chaleur & l'esprit &c.

Premierement je respon que quant ainsi se
roit, que l'esprit & la chaleur native seroient
capables de l'affitude (ce qui ne peut estre,
puisque ils n'ont point de sentiment) que ce
neantmoins le dormir ne pourroit estre dit
dommageable, puisque par sa confession il retire au dedans la chaleur & les esprits , & les
garentit par ce moyen d'estre dissipez , chose
qui est beaucoup plus dangereuse que la l'affi
tude, car en tout cas apres vn peu de repos ils
seroient encore vtiles, mais la dissipation rui-
ne tout. Secondement je di que cette raison
n'est a propos, car il n'est point question de
scavoir, si le dormir ou de jour, ou de nuit est
bon, ou mauvais, mais seulement si la concoction du ventricule se fait mieux par le sommeil, que par la veille, par le repos que par le
mouvement.

Or a ceci contredit manifestement Galien &c.

Afin de faire trouver l'opinion qu'il impu-
gne de moindre prix , il ne fait mention que
de Galien, comme s'il avoit esté seul auteur
de cette opinion. Mais, & depuis, & devant

il y en à eu d'autres que luy. Ce que j'ay al-
legué cy devant de Celse, demonstre assez
quel à esté son avis, touchant cette question,
« Paul Æginete au chap. 97. liv. 1. escrit ain-
« si. Si le sommeil est bien pris, il fait beau--
« coup de bien, car il cuit les alimens, & par-
« fait la concoction des humeurs, le temps
« du dormir est tresbon apres le repas, mais
« celuy du jour n'est cômode à tous, & Hip-
« pocrate devant tous avoit escrit en l'Aph.
« 15. du 1. liv. les ventres sont naturellemét
« treschauds en Hyver & en Printemps, & le
« dormir tref-long, pour cette cause il faut d'a
« vantage d'aliments en ces saisons. Et au se-
« cond liv. de la façon de vivre aux maladies
« aiguës parlant de la façon de vivre accous-
tumee, enseignant ce qu'il faut faire, si quelqu'vn à disné contre sa coustume, il dit qu'il
faut qu'il dorme, ainsi que s'il estoit desia à
la nuit ayant soupé. Des modernes il y en à
fort peu qui n'ayent approuvé l'opinion de
ces anciens, & entre autres Fernel, Valeriole
Fusché. Cependant M. Ioubert ne laisse de se
vanter derechef, qu'il à apris le contraire par
l'experience & la raison, & d'abondant il adjouste, que n'y la troisiesme concoction n'est

bien faite durant le sommeil.

Car d'autant qu'en ce temps le sang & l'esprit recourent dans leurs entrailles, & retournent dans le cœur, dans les arteres, &c.

Devant que de passer outre , il faut sauoir que c'est que cette troisiesme concoction, ce n'est autre chose, qu'vne elaboration & mutation particuliere, qui se fait en vne chacune partie de nostre corps, du sang , par la force de leur propre chaleur, pour leur nourriture. Cecy posé il faut voir si il y à quelque partie qui soit sans chaleur, qui n'aye besoin de sang pour sa nourriture, & finalement qui se puisse concerver sans nourriture. Il est certain qu'il n'y en à aucune soit externe, soit interne, il s'ensuit donc necessairement que la proposition de M. Ioubert peche, affirmant simplement & sans aucune distinctió que la troisiesme concoction ne se fait si bien durant le dormir que durant la veille. Car que ce qu'il dit soit veritable pour les parties externes , asavoir qu'elles sont destituees de chaleur, il sera faux pour les parties internes , puisque par sa confession la chaleur est retiree au dedans secódement il y à vne autre erreur, en ce que par la raison, il faut conclurre, que la troisies-

m-

me concoction ne se fait qu'aux parties exter
nes, ce qui est faux, puisque le cœur, le foye,
le cerveau, & les autres parties internes, ne se
peuvent non plus passer de nourriture que les
parties externes, tiercement qui ne cognoit
par les sueurs qui arrivēt plustost en dormant
qu'en veillant, que la troisiesme concoction
se fait mieux durant le dormir que durant le
veiller? Finalemēt je respon que puisque chaque partie parfait sa propre concoction par sa
propre& particuliere chaleur, que les parties
n'ōt moins de force de nuict que de jour, ains
au cōtraire qu'elles en ont beaucoup plus, pour
ce que la chaleur qui de jour estoit espādue, est
de nuit plus reünie en vne chacune partie, c'est
ainsi qu'il faut entendre que la chaleur par le
sommeil se retire au dedans, & non pas en la
sorte qu'escrit M. Ioubert, asauoir que le sang
& l'esprit recourent dans le cœur, les arteres
& les venes. Car premierement pour le sang,
ceux qui sont tāt soit peu versez en la cognoissance de la medecine, scavent que depuis qu'il
est vne fois hors les venes espandu sur les par
ties, qu'il s'espaissit, commençant à despouil-
ler sa nature de sang pour en recevoir vne autre, de sorte qu'il ne retourne plus dans les

venes(si ce n'estoit par vne extreme violéce)
tant pour estre trop epais,qu'aussi pource qu'il
est retenu par la partie qui en a besoin, auec la
quelle il commence à symbolizer, & puis il
n'y auroit action de nature qui ne fut troublee
par le repos & sommeil. Tellemét que ce seroit tousiours a recommencer , si on dit que
c'est le sang contenu dans les vaisseaux qui retourne, je demáde a quelle fin, & qui est en fin
la force qui le fait retourner ? Ie demande de
mesme de l'esprit vital, ce n'est n'y pour la generation de sang , n'y pour la generation de
nouueaux esprits , c'est chose qui ne se peut dire, car premieremét,de la grande artere dans
le cœur il n'y a point de retour,a cause des va-
luiles ou portes, regardans du dedans au de-
hors,secondemét quant il rentreroit il ne ser-
uiroit la dedans que d'empescher la place des
nouueaux esprits , aussi bien que le sang dans
le foye du nouueau sang, car comme le sang
ne s'engendre par le sang mais par la force du
foye, aussi l'esprit vital ne s'engendre par l'esprit vital, mais par la force du cœur , de sorte
que le foye ayant retenu du sang,autant qu'il
luy en faut pour sa nourriture , & le cœur autant de l'esprit vital qu'il en est besoin pour la

conſeruation de ſa chaleur, ilz chaſſent le reſte comme charge onereuſe, & ainſi que leur pro uiſion diminue ils attirent nouuelle matiere, pour en engendrer d'autre. Voila donc pourquoy il ne faut point dire que le ſang & l'eſprit retournent dans le cœur, les venes, & arteres, & puis qui ne ſcait que le cœur par ſa contraction pouſſe perpetuellement l'eſprit vital (qui pour cette occaſion porte le nom d'eſprit perpetuellement influant)dans la grãde artere, & de la dans les rameaux , des rameaux en toutes les parties de notre coprs qui meſme l'attirent a ſoy, ſans qu'il puiſſe par ſa dilatation le retirer ? Quant à ce que M. loubert allegue d'Hippocrate, pour cõfirmer cette opinion par ce qu'il dit du trauail , il n'y a aucun qui ne ſache qu'en ce lieu Hippocrat. ne fait mention de la generation des chairs, non plus que des articles qu'il conjoinct aux chairs, par cette particule. &. en cette ſentence: mais ſeulement il enſeigne ce qui rend les chairs en muſcles , fermes , roides , & forts, auſſi bien que les articles , & dit en ſomme que c'eſt le trauail, car encore que l'humidité ſoit requiſe pour la facilité du mouuement des articles, & pour tendre & detẽdre les muſcles, si est ce que ce n'est autant qu'il y en a en ceux qui ne trauaillēt point, desquelz ordinairement les membres sont laches, & sans force, Hippocrate donc enseigne le moyen de consumer cette humidité superflue, disant que le trauail est vtile aux chairs, & aux articles, mais pour monstrer que la chaleur n'est point retiree au dedās des entrailles, des parties externes, il ne faut que lire le troisiesme parad. de la premiere decade de M. Ioubert mesme, ou il prouue que ce qu'on a froid apres le repas, ne procede point de ce que la chaleur retourne au dedans, & la par plusieurs argumēts monstre cela ne pouuoir estre, & entre autres « choses voyci ce qu'il dit. Car que peut on « estimer de plus inique; que de penser que la « chaleur quittant son propre siege, s'en aille «ailleurs, puisque cependant les particules des « quelles la nature luy donne le gouverne- « ment, seront contraintes de demeurer oysi- « ves? O que nature auroit mal pourveu à la « dignité & office de ces parties, puisque la «cessation de l'œuvre, peut nuire en mille sorte à l'animal! Mais qu'est il besoin de sortir hors ce paradoxe? dans la quatriesme page à conter d'ici, il escrit ainsi. Car je ne voy poin

urquoy nous deuions dire que la chaleur rē
oure au dedans,ou foit reuoquee des entrailles. Mais pourtant dira quelqu'vn,il le prouue
difant.*Que ceux qui dorment ont befoin de plus
de couuerture que ceux qui veillent &c.*

On refpond que c'eſt acaufe que la nuit eſt
toufiours plus fraiche que le jour,chofe que le
fentiment aprent à tout le monde , & puis le
repos qui n'emouuant les efprits,ne les rend ſi
bouillants n'y ſi chauds font que la fuperficie
du corps ne paroiſt ſi chaude , ſi toutefois le
corps eſt couuert en telle forte,que le froid de
la nuiĉt ne le puiſſe toucher,elle fe trouue tref-
ehaude à ceux qui la touchent.

*Puifque toute concoĉtion fe plaiſt en la prefen-
ce de beauconp de chaleur.*

Ce beaucoup ne doit eſtre pris pour vne
egalité de chaleur , chylification felon Monf.
Ioubert il y eſt equis plus de chaleur , qu'en
la fanguification , tellement qu'il fuffit que
chaque partie en foit garnie , d'autant qu'il
luy en faut.

*Mais que l'aĉtion du ventricule eſt tref-tar-
diue par le fommeil, il eſt aſſez.*

M. Ioubert auoit fait vne digreſſion de la
queſtion principale , maintenant il y retour-

ne,& poúrſuiuãt ſes premieres erres,il diſpute
par l'autorité de Galien.Mais ce ne fut jamais
le but de Gal. de recercher ſi pour changer &
cuire le laict, il eſt beſoin d'vn treſ-long ſommeil en l'enfant. Mais bien d'enſeigner l'heure la plus propre à le baigner ou froter, d'autãt
que c'eſt vne choſe fort dãgereuſe de baigner
le ventricule eſtant plain d'vn aliment creu,
car le corps & le cerveau ſe rempliſſẽt de cru-
ditez ainſi que Gal. remonſtre au lieu cité.Or
luy qui ſcavoit treſ-bien que par le ſommeil
la concoction ſe fait beaucoup mieux que par
la veille , il advertit que l'enfant ſera hors de
tout danger,ſi la nourrice choiſit l'heure de le
baigner, ou froter apres vn treſlong ſommeil
& non pas vne certaine heure cõme font quel
ques vns, ou bien lors qu'elles n'ont que faire, pource qui peut advenir qu'en ces temps,
il y aura peu que l'ẽnfant aura teté, & par cõ-
ſequent l'eſtomach ſera plain , ce qui ne ſera
apres vn long dormir, il ne dit pas donc, qu'il
faut vn fort long ſommeil pour chãger le laict
mais il enſegne vne choſe qu'il ſcait eſtre fort
veritable, c'eſt qu'apres vn long ſommeil ou
il n'y aura rien dãs l'eſtomach,ou s'il y à quelque choſe, qu'il ſera cuit. Or eſt il que qui

onne conseil , doit donner le plus certain,
al. donc pour cette raison , conseille plustost
ce temps qu'vn autre.

Ce ne sera sans propos que ie mettray la cous-
tume en avant.

Iusques icy j'ay remarqué que M. Ioubert
s'est fort pleu de prouver les propositiõs qu'il
pouvoit demander , & lesquelles on luy eut
tousiours accordé facilement , quant à celles
qui estoyent le fondement de ses demonstra-
tions, il à coulé doucement par dessus. Ie luy
acorde donc ce qu'il dit de la force de la coustume, &produirois encore s'il en estoit besoin
quelques autres tesmoignages de non moindre force que celuy de Gal. Mais afin de faire
court venons au point & voyons de quelle
coustume il veut parler.

Presque tous ceux qui ont des moyens vsent
plustost de viandes roties que bouillies au souper,
mais les viandes roties se cuisent plus facilement
que les bouillies.

Il ne devoit point dire *presque* , car ce mot
diminue le nombre de ceux qu'il veut manger
du rosti : & cependant il est certain que pour
vn qui a des moyens, il y en à plus de dix qui
n'en ont point,tellement que le fondemét de

son argument est pour moy & non' pour luy,
car voyci comme j'argumēte. Tous ceux qui
n'ont point de moyés vsent plustost de bouilli à leur souper que de rosti. Or est il qu'il y à
plus de gens sans moyens, que gens auec moyens. Il y à donc plus de gens, qui vsent de
bouïlli à souper, que non pas de rosti : & puis
qui ne scait, que ce qu'on mange plustost du
rosti au soir, que nō pas du bouilli, c'est qu'on
choisit tousiours l'heure, à laquelle on àle plus
de loisir? ou bien mesme, que c'est qu'on veut
tousiours aller de l'imparfait, au parfait, du biē
au mieux, on se fascheroit d'avoir bien disné
& souper mal, car le souuenir du disñer deli-
cieux, augmenteroit le desplaisir d'vn pauvre
souper, finalement qui ne scait qu'ancienne-
ment le disner n'estoit en vsage cōme le souper? tout le jour s'employoit aux afaires, le soir
en banquets & festins, Homere & Virgile
nous fourniroient d'assez de tesmoignages
pour prouver cette anciéne façon. Quelqu'vn
a dit que c'estoit scādale en nature de ne point
souper, qu'au temps jadis peu de gens disnoiét
mais tout le monde soupoit, dont est dite la
cœne comme cœne c'est à dire à tous commune. Voila donc les raisons pour lesquelles

on vfe pluftoft de viãdes rofties à fouper que
non pas de bouilllies, & non pas qu'on ait eu
cette confideration que le rofti eft de plus facile digeftion que le bouilli , au furplus l'argument duquel fe fert M. Ioubert pour prouver ceci, n'eft aucunement neceffaire , car la
facilité de la chylification ne procede du plus
ou du moins de l'humeur qui eft aux viandes,
mais de la proportion & fympathie , qui eft
plus ou moins entre toute la fubftáce des vian
des & le ventricule, quant à ce qu'il dit que la
viande bouillie parfaitement devient aride &
fans fuc, j'en fuis d'accort, fi on la fepare de fon
fuc, mais fi elle eft prife avec fon fuc, c'eft autant d'avencemẽt pour la concoction du ventricule, laquelle eft appelee elaxation par M.
Ioubert mefme, & devant luy par Ariftote &
veritablement ainfi qu'on fait bouillir extre-
mement les viandes, pour en tirer toute la fu-
ftance nutritive plus facilement , ainfi par le
moyen d'vne bonne & parfaite chyiification
le foie attire le fuc duquel il peut faire du fang
& le fepare aifement de la partie qui n'en eft
capable , tellement que d'autant plus que les
viandes feront bien bouillies & d'autant plus
le chyle s'en fera facilement , la raifon de M.

ſon argument eſt pour moy & non pour luy,
car voyci comme j'arguméte. Tous ceux qui
n'ont point de moyés vſent pluſtoſt de bouilli à leur ſouper que de roſti. Or eſt il qu'il y à
plus de gens ſans moyens, que gens auec moyens. Il y à donc plus de gens, qui vſent de
bouilli à ſouper, que non pas de roſti : & puis
qui ne ſcait, que ce qu'on mange pluſtoſt du
roſti au ſoir, que nõ pas du bouilli, c'eſt qu'on
choiſit touſiours l'heure, à laquelle on àle plus
de loiſir?ou bien meſme,que c'eſt qu'on veut
touſiours aller de l'imparfait,au parfait,du biẽ
au mieux, on ſe faſcheroit d'avoir bien diſné
& ſouper mal, car le ſouuenir du diſner deli-
cieux, augmenteroit le deſplaiſir d'vn pauvre
ſouper, finalement qui ne ſcait qu'ancienne-
ment le diſner n'eſtoit en vſage cõme le ſouper?tout le jour s'employoit aux afaires,le ſoir
en banquets & feſtins, Homere & Virgile
nous fourniroient d'aſſez de teſmoignages
pour prouver cette anciéne façon.Quelqu'vn
a dit que c'eſtoit ſcãdale en nature de ne point
ſouper,qu'au temps jadis peu de gens diſnoiét
mais tout le monde ſoupoit , dont eſt dite la
cœne comme cœne c'eſt à dire à tous commune. Voila donc les raiſons pour leſquelles

on vſe pluſtoſt de viãdes roſties à ſouper que
non pas de bouilllies, & non pas qu'on ait eu
cette conſideration que le roſti eſt de plus facile digeſtion que le bouilli , au ſurplus l'argument duquel ſe ſert M. Ioubert pour prouver ceci, n'eſt aucunement neceſſaire , car la
facilité de la chylification ne procede du plus
ou du moins de l'humeur qui eſt aux viandes,
mais de la proportion & ſympathie , qui eſt
plus ou moins entre toute la ſubſtãce des vian
des & le ventricule, quant à ce qu'il dit que la
viande bouillie parfaitement devient aride &
ſans ſuc,j'en ſuis d'accort,ſi on la ſepare de ſon
ſuc, mais ſi elle eſt priſe avec ſon ſuc, c'eſt autant d'avencemẽt pour la concoction du ventricule, laquelle eſt appelee elaxation par M.
Ioubert meſme, & devant luy par Ariſtote &
veritablement ainſi qu'on fait bouillir extre-
mement les viandes,pour en tirer toute la ſu-
ſtance nutritive plus facilement , ainſi par le
moyen d'vne bonne & parfaite chylification
le foie attire le ſuc duquel il peut faire du ſang
& le ſepare aiſement de la partie qui n'en eſt
capable, tellement que d'autant plus que les
viandes ſeront bien bouillies & d'autant plus
le chyle s'en fera facilement , la raiſon de M.

Ioubert ne conclud donc rien pour la facilité
ou difficulté d e la chylificatiõ, mais bien pour
la plus grande ou moindre nourriture. Car il
eſt certain que la viande qui a plus d'humeur
radical , à plus de nourriture. Or eſt il que la
viande roſtie a plus d'humeur radical que la
bouillie,elle a donc plus de nourriture, M. Iou
bert s'aide de l'autorité d'Hippocr. pour prouver que le roſti eſt de plus facile digeſtion que
le bouilli.

Pour cette cauſe Hippocrate enſegne que le
vivre humide eſt propre aux febricitans,non ſeu-
lement pour reſiſter à la ſiccité cauſee par la cha-
leur ignée(ce qui n'eſt à negliger) mais &c.

On ne ſçauroit prouver qu'Hipp. par le vivre humide aye voulu ſignifier la viáde roſtie
ouy bien la bouillie,& qu'ainſi ne ſoit Galien
au comment. de cet Aphor. reſpondât à ceux
qui le reprenoient diſant, que ce conſeil n'eſtoit propre aux hydropiques qui auroyent la
fievre, il ne dit point qu'Hippocr. á par le vivre humide entendu parler des viádes roſties,
qui eut eſté leur oſter en deux mots toute occaſion de calomnie,car les viádes roſties ſont
fort propres aux hydropiques, mais il dit,que
" telles gens ignorét le principal point de l'art

" de curer, afcavoir, que chaque maladie, à fa
" propre cure, que fi il y en à plufieurs conjoin
" tes enfemble, qu'en ce cas elles auront vne
" indication commune, ou bien qu'on aura
" égart premieremét à celle qui bleffe le plus,
" fans pourtant negliger les autres, ou finale-
" ment, qu'on aura égart à toutes également
" que fi donc quelqu'vn eft hydropique, & à
" la fievre, que prenants garde à ces deux ma-
" ladies, qui demandent contraire cure, nous
" refiftons & à l'vne & à l'autre avec difcre- liv.3.c.6.
" tion & prudence, ainfi comme en toutes autres maladies conjointes. Celfe l'interprete
" latin d'Hippocr. efcrit ainfi. Le vivre humi-
" de eft trefpropre aux febricitants, ou pour
" le moins qui foit fort prochain à hu-
" meur, & doit eftre d'vne matiere treflege
" re, & principalement les breuvages, qui doi-
" vent eftre fort fimples, fi les fievres font
grandes. Mais qu'eft il befoin de cercher vn
interprete du texte d'Hippocr. hors Hipp.
oyons le donc luy mefme : voici côme il par-
" le. Il faut vfer en hyver d'vn vivre fec, de 3 liv de la
pain & viandes pluftoft rofties que bouillies, dctr.ch.3
& en tout le prem. liv. de la façon de vivre aux
maladies aiguës, il ne recommäde autre cho-

se que les breuvages qui sont faits d'orges biē preparee selon la necessité, au demourant s'il est permis de mettre la coustume en avāt, les plus rustiques scavent qu'on ne donne aux febricants que des bouillōs & viandes bouillies.

Il reste que nous commencions à enseigner par quel moyen ceci se fait.

M. Ioubert s'estime avoir bien prouvé que la concoction du ventricule & la troisiesme ne se peut faire commodement durant le dormir, maintenant il veut en enseigner l'occasion, pour cet effet, il propose en passant trois opinions de la cause du dormir, la premiere d'Aristote, la seconde de Galien, la troisiesme d'Argentier, il n'en approuve aucune, mais il adjouste la sienne, qui fait la quatriesme. Or je ne scay pourquoy il dit que Gal. estime que le dormir procede de la retraction de la chaleur, dans les parties internes, car il ne fait aucunement mention de cette retraction de chaleur au lieu cité par M. Ioubert, qui est le dernier chapitre du 1. livre des causes des sy. « mais voici ce qu'il dit. Donc le cerveau tant « à cause de la consomption de la vertu qu'il à « transmise, qu'a cause de la fatique qu'il souf- « fre, à cause de beaucoup de labeurs, à besoin

& de repos & de refection. Fernel pour cette
raison definit doctement le sommeil disant
que c'est le repos du cerveau, & de la faculté
animale, restaurant les esprits, & les forces
qui ont esté dissipees par les veilles & l'excercice,& que pourtant l'inanition & la l'assitude
est vne des causes du sommeil. Mais j'estime
que ce qui à poussé M. Ioubert à dire que Gal.
raporte la cause du sommeil à la retraction de
la chaleur, à esté pour avoir quelque couleur
& apparence de fonder la sienne sur le defaut
de la chaleur,& de l'esprit influät, afin de faire
trouver que le ventricule & les parties externes,sont quasi sans chaleur durant le sommeil
mais il falloit qu'il môtraft que le cœur n'en-
voye continuellement des esprits en toutes
les parties de nostre corps, & qu'elles n'en attirent point quant elles en ont besoin,en som-
me il falloit qu'il montraft que le dormir af-
soupit l'action des facultez naturelles,comme
celle des facultez animales. C'est ce qu'il n'a
peu faire , n'y ne se peut, & pour cette occasion, il ne parle point absoluement & simplement, mais tousiours il y à quelque addition
comme en ce lieu. *Mais en fin la plus grande
portion de ce qui estoit superflu aux entrailles,c-*

tant confumee par la veille, le reſte ne ſe recu-
le qu'avec difficulté de ſon centre. Il n'oſe dire
abſolument que le reſte ne ſe recule mais il a-
jouſte, avec difficulté, & puis en ce lieu, *Alors*
donc le ſommeil preſſe, quant la chaleur influan-
te eſtant en treſpetite quātité, ne peut ſuffire aux
organes des ſens & que ſa treſpetite portion a
grand peine touche les extremitez du corps. S'il
eut peu dire, ne touche, & non pas à grand peine touche, il eſtoit au deſſus de tout ce qu'il
pretendoit. Or j'ay cy devant demōſtré le con
traire de tout ceci, c'eſt pourquoy ſans nous y
amuſer d'avātage il nous faut voir ce que veut
conclurre M. Ioubert.

Ces choſes ainſi poſees il ne ſera difficile(à mon
iugement) de comprendre qui eſt la cauſe que le
ventricule cuit plus imbecilement, par le ſom--
meil, la cauſe donc &c.

Devant que de paſſer outre il faut ſçavoir
que comme le ventricule ne ſçauroit jamais
faire du ſang(quelque long temps que peut
demourer le chyle dans iceluy) le foye des e-
ſprits vitaux, le cœur des eſprits animaux, que
de meſme il n'y à aucune autre partie que le
ventricule qui puiſſe faire du chyle, d'ou s'enſuit qu'il faut que la cauſe chyliſiante ſoit con

tenue en la propre ſubſtāce du ventricule, toutefois on à recognu ſouuentefois , que cette
cauſe pouvoit eſtre fortifiee, en ſon action par
l'application faite ſus la partie qui couvre le
ventricule de quelque nouvelle chaleur, comme auſſi elle eſtoit debilitee par l'atouchemēt
du froid penetrant juſques dans iceluy. Ceci à
fait croire que les parties adiacentes aident
beaucoup à cette concoction par le moyen de
leur chaleur, car ils aident à ſurmonter la cru-
dité, & le froid des aliments , qui reſiſte à la
faculté chylifiante du ventricule, on à veu auſſi que cette concoction ſe faiſoit plus heureu-
ſement en vne ſaiſon qu'en l'autre , eſtants ce
neantmoins les vivres ſemblables , qui à fait
croire que l'vnion & la diſſipation de la chaleur eſtoyent cauſes de ces divers effets avg-
mentans ou affoibliſſans la force de la chaleur. Or eſt il que c'eſt vn principe infailli-
ble que toute force ramaſſee & vnie en ſoy,
agit plus puiſſāment qu'eſtant eſpanduc. C'eſt
pourquoy il faut ſcavoir en quel temps , & la
chaleur du ventricule, & celle de ſes parties
voiſines, eſt moins diſſipee: nul ne doute que
durant le jour, tant a cauſe de la chaleur, qu'à
cauſe du mouvement & l'exercice continuel,

les efprits & la chaleur native, font plus efpan-
dus, la nuict au contraire plus referrez tant à
caufe de la fraicheur de la nuict que du repos,
ils ont donc alors plus de force d'agir, de maniere qu'il eft neceffaire que la concoction du
ventricule fe face mieux de nuict durât le dormir, que de jour durant la veille, tant à caufe
de fa propre chaleur, qui eft alors plus reünie,
qu'a caufe de celle de fes parties voifines, afa-
voir du foye, du diaphragme, de la rate, vene
cave, grande artere, & l'epiploon. M Ioubert
à preveu la derniere partie de cette raifon, qui
à faict que depuis l'impreffion de fes paradoxes, entre les addicions qu'il à efcrit pour ces
paradoxes il fait celle cy pour ce lieu, en ces
mots.

Mais tu diras, lors que la chaleur eft &c. &
puis il refpond ainfi. *Ie refpon que comme la fu-*
perficie de tout le corps eftant d'avantage defti-
tuee de toute chaleur eft froide, qu'ainfi la partie
exterieure des entrailles eft moins chaude, d'au-
tant que la chaleur influante eft ramaffee comme
en fon centre.

Mais je demande ou eft le centre dans lequel fe retire la chaleur tant native, qu'influ
ante, en la vene cave, en la grande artere, a
foye

oye, en la rate, en l'epiploon, au diaphragme
qui ne ſçait que la chaleur native eſt eſpan-
ue en toute la ſubſtance de ces parties , &
uis toute la maſſe du ſang & des eſprits n'eſt
elle point chaude ? & ne réplit elle point tous
ces corps ? Ils ſont donc chauds juſques en
leur ſuperficie, finalement vn chacun de ces
corps n'eſt ſi grand, qu'il puiſſe y avoir quelque partie en laquelle , toute la matiere ſe retire, & M. Ioubert meſme dit , que ce que le
tronc des venes eſt diviſé en vne infinité de
rameaux, & eſpars en toute la ſubſtance du
foye, eſt afin que le chyle eſtant ainſi diviſé en
pluſieurs petites parties , il reçoive plus facilement l'impreſſion de la chaleur, & ne reſiſte
tant à la facilité ſanguificative. Donc la cha--
leur eſt eſpandue en tout le corps du foye, au
demeurant, luy meſme dit expreſſement. Car
" je ſçay que le ventricule eſt plus chaud que parad. 4.
" les venes, tant a cauſe de ſon propre tempe- decad. 1.
" rament , qu'a cauſe qu'il eſt fomenté par
" les autres parties ſes voiſines aſçavoir, le foie
" la rate , &c. & derechef la chaleur du foye,
" de la rate, de l'epiploon, du diaphragme, de 3. paſad.
" la vene cave, & de la grande artere, ſans l'in-
" commodité de ſes entrailles, par le ſeul voi-

C

« finage , & attouchement ayde grandement
« au ventricule.

Et voila la premiere & principale raifon, pour
laquelle le ventricule ha moins de force de cuire
par le fommeil, le peu de chaleur influante en eft
caufe.

I'ay cy devant demonftré que les parties
attirent, ce qui leur eft neceffaire auffi bien du
rant le fommeil que durant la veille , & que
l'efprit fluë autant qu'il en eft de befoin pour
chaque partie partât la raifon eft nulle. Voyôs
l'autre.

Nous en avons excogité vn autre tout maintenant, laquelle n'eftant à mefprifer ie la veux
adioufter ici.

Ie n'avois encore jamais apris à divifer le
ventricule qu'en trois parties , en l'orifice fu-
perieur (qui eft proprement l'eftomach) en
l'orifice inferieur, qui eft appelé pyloe, ou por-
tier & ce qui eft contenu entre ces deux , fai-
foit la troifiefme partie , & fe nomme le fond
du ventricule. M. Ioubert en à trouvé vne
quatriefme difant , qu'en ceux qui font debout
l'aliment touche & preffe plus le fond , en ceux
qui font couchez, les coftez, au furplus on diroit
qu'il a voulu que la fituation du ventricule fut

oute droite , comme eft vn fac pendu en vn
crochet mais cela n'eft point:n'y ne doit eftre
car par ce moyen il tireroit entierement contre bas, & empefcheroit le mouvemēt du diaphragme (ce qui avient eftant trop plain &
principalement d'aliments pefants) au grand
detruiment de la refpiration, fa fituation donc
eft comme vne mufette le plus large eftant
vers le principe d'iceluy, couché deflus le cofté feneftre,& la plus eftroite,& moindre partie foubs le foye du cofté droict, on ne peut
donc ignorer, que les aliments, en ceux qui
font couchez, vont auffi bien au fond qu'en
ceux qui font debout,fe mettant feulemēt fus
le cofté gauche. Il y à plus, c'eft que puifque
le ventricule appetant les aliments , il s'efleve
au devant, les tire , & arrache de la bouche,
ainfi que dit Gal. il ne faut douter qu'eux eftans dans fa capacité,il ne fe referre par le moyen de fes fibres, pour les retenir, toucher, &
" en jouyr.Nous recognoiffons que le ventri-
" cule(dit M. Ioubert)doit embraffer fort ef-
" troitement les alimēts, pour faire vne meil-
" leure concoction, car il faut qu'il ferre de
" tous coftez les aliments de telle forte qu'il
" femble leur eftre attaché , & qu'il n'y aye

au cōm.
2. cha 8.
des facul.
natur. de
Gal.

aucun vuide entr'eux & luy. Il dit derechef le mefme en vn autre lieu: ce n'eft donc à propos qu'il allegue les fimilitudes, du fac, de la veffie, & autres femblables vaiffeaux, non plus que ce qu'il dit, que ceux qui dorment fus le coude, ne font fi toft offencez, que ceux qui font couchez, d'autant que l'alimêt va au fond, encore moins ce qu'il adioufte en fin des malades, difant que tout auffi toft qu'ils commencent à fe tenir debout, ou fe promener, ou s'affoir, alors on voit qu'ils appetent mieux, & cuifent mieux, & qui ne fçait que la maladie finie l'appetit retourne? voire devant que le malade aye commencé de fe lever du lict. Ceci eft tant cogneu de tout le monde, que le malade n'appete n'y ne cuit, pource qu'il fe leve, mais qu'il fe leve pource qu'il cômence à appeter, à cuire, & par ce moyen à fe fortifier, que j'aurois honte de m'amufer à le demonftrer. Voyons le refte.

La chaleur influante qui fe nomme auffi couftumierement native

On diftingue ordinairement entre les Medecins la chaleur native, d'avec l'influante, car celle cy n'eft autre chofe que l'efprit vital, qui continuellemêt defcoule du cœur, & s'efpend

en toutes les parties de noſtre corps, pour la
conſervation de la native, que nous diſons eſ-
t e des noſtre premiere conformation plãtee
en chacune partie,ſans qu'elle ſe puiſſe jamais
regenerer, eſtant vne fois eſteinte, & par laquelle les parties font leurs operations, & veritablement s'il eſt ainſi que la chaleur contenue en la ſemence, puiſſe de cette ſemence
former vn corps diſtingué en vn ſi grãd nom
bre de parties, ourquoy eſtce qu'apres la conformation, elle ne pourra demourant plantee
en vne chacune de ſes parties, parfaire la concoction neceſſaire à la vie? Cętte queſtiõ me-
riteroit bien vn traicté à part, c'eſt pourquoy
celuy cy n'ayant eſté entrepris pour cet effet,
il nous faut maintenãt paſſer outre, pour voir
ce que M. Ioubert veut prouver en ce lieu. Il
veut mõſtrer que l'Auſtruche ne digere point
le fer par vne certaine proprieté qui ſoit autre,
en ſon ventricule, qu'en celuy des autres oy-
ſeaux, mais que cela procede ſeulement de la
chaleur qui eſt plus forte en luy que non pas
en nul autre. La premiere recerche qu'on doit
faire en toute queſtiõ diſent les logiciens,c'eſt
ſi ce qu'on demande eſt,car quant à moy je
ne croy point qu'il y ait animal qui puiſſe di-

C iij

gerer le fer, tellement que je ne daignerois e: xaminer ceci par d'avantage de raifons , mais bien celle qui eft furvenue de cette fuppofitiõ c'eft afcavoir, qu'il y à vne certaine proprieté en la chaleur de chaque efpece de ventricule, par le moyen de laquelle vne chofe eft chyli- fiee en vn ventricule, qui ne le peut eftre au- cunement en vn autre. L'effet eft fans contro- verfe,& les exemples alleguez par M. Ioubert nous peuuent fournir de preuve affez claire, pour n'en devoir douter , chacun voit que les cailles vivent fans danger d'hellebore, les ef- tourneaux de ciguë, au contraire,que les hom mes en meurent, M. Ioubert n'en recognoit autre raifon, que celle qu'il prent du plus ou du moins de la chaleur des differents ventri- cules.Pour mõftrer qu'il n'y à beaucoup d'ap- parence en cette opinion,je demande s'il n'eft pas neceffaire, que fi deux agents de mefme efpece, l'vn fort & l'autre foible , le fort pro- duit vn effet en vne matiere, que le foible pro duife vn effet de mefme efpece,la mefme ma- tiere luy eftant foubmife felon la force du foi- ble agent: pour exemple , fi quatre degrés de chaleur defeche deux degrés d'humidité, qui doute que deux degrés de chaleur confume-

ront vn degré de la mesme humidité· Si donc
la chaleur du ventricule de l'hôme est de mesme nature, que celle de la caille,& de l'estour-
neau,& ne differe qu'en moins, c'est à dire,en
ce qu'elle n'est pas si grande en l'hôme qu'en
ces oiseaux. Il est tres-certain qu'il faudra,
qu'elle puisse digerer quelque quantité d'hellebore & de cicuë, chose qu'vn chacun scait
ne pouvoir estre, car si l'vn & l'autre n'est
promptement reietté, ou par le haut ou par le
bas, la mort, & non la vie s'en ensuit. Il faut
donc advoüer,que puisque d'vne mesme matiere, il en sort divers & du tout contraires effets, qu'il faut que les causes agêtes different
en proprietez & qualitez. C'est donc pourquoy nous disons, que la chaleur de la caille
qui digere l'hellebore,ne differe pas seulemêt
en plus de la chaleur de l'hôme qui n'en peut
venir aucunement à bout, mais aussi est du
tout d'vne autre nature, & de la s'ensuit que
le ventricule n'agit par la force d'vne chaleur
commune, mais propre & peculiere. Voila la
premiere raison. la seconde est de luy mesme
"qui escrit ce qui suit. La vene estant exangue
"fait du sang,comme le ventricule n'estant
"chyle, fait du chyle, & comme le ventricule

Parad. 4.
decad. 1.

Ç iiij

« qui eſt eſtimé froid par ſon temperament
« (qui ſuit la condition de la matiere) eſt ce
« neantmoins ordonné pour la plus difficile e-
« laboration des aliments, ainſi les venes plus
« froides que le ventricule, peuvent du chyle
« faire du ſang, car ces choſes dependent d'v-
« ne certaine proprieté de temperament , &
« non à cauſe que la chaleur ſoit plus grande.
Ce peut il rien dire de plus exprès? Mais ce
n'eſt pas tout , car afin qu'on cogneuſt, que
« ſon dire n'eſtoit ſans raiſon il adjouſte , au--
« trement le feu ſur toute autre chaleur , des
« chairs, des œufs, & de toute autre viande,
« feroit fort parfaitemẽt du chyle, & du ſang,
« mais quand vous feriez cuire ces choſes,roſ-
« tir, ou bouillir,voire cent ans,jamais elles ne
« pourroyent eſtre faites n'y chyle, n'y ſang.
Ie laiſſe maintenãt à juger au Lecteur,ſi ceux
qui ont eſtimé que la chaleur du vẽtricule fait
ſes operations par vne certaine& occulte proprieté ont tort, reſpondons maintenant à ſon
argument que voyci.

*Cependant qu'il n'y à aucune proprieté de la
chaleur ou de l'eſprit, mais que ſon efficaçe procede &c.*

La ſimilitude que M. Ioubert met en avant

de la generation ne deſtruit aucunement ce
que nous diſons de la proprieté de la chaleur
du ventricule, car encore qu'il ſemble vouloir
monſtrer qu'vne meſme cauſe, ſelon les diuer
ſes matieres, produit divers effets, par l'exemple de la poule couvant des œufs de diverſes
eſpeces, il ne l'accomplit pourtant en cet en--
droit, & quant il l'auroit accompli, il n'auroit
rien fait, car pour le premier, je di que ce n'eſt
la chaleur de la poule qui couve l'œuf de la
perdrix, & de l'oye, qui eſt la principale cauſe
de la generation, mais qu'elle eſt ſeulement
vne condition neceſſaire, que les Philoſophes
appelent cauſe ſans laquelle la choſe ne pourroit eſtre, & que les cauſes principales de la
generation du perdreau, & de l'oyſon, ſont en
l'œuf, aſcavoir la faculté conformatrice qui eſt
la cauſe agente : & la matiere de la choſe en-
gendree, tellement que puiſque il y à vn œuf
de perdrix & vn œuf d'oye, il s'enſuit que le
perdreau & l'oyſon, n'ont vne meſme cauſe
principale, mais chacun à ſes propres & principales cauſes reſidentes en ſon œuf. Pour le
ſecond, je veux qu'il ait bien prouvé (car cela
ſe peut aiſement) qu'vne meſme cauſe produi
ſe en diverſes matieres, divers effets, il ne

s'enfuit pour cela que la chaleur de tous les
ventricules foit femblable, car nous ne difons
pas, que tous les ventricules agiffants contre
diverfes matieres , produifent divers effets,
mais au contraire, nous difons que mettants
divers ventricules, en vne mefme matiere,
qu'il s'en enfuit bien fouvêt, divers & contraires effets, comme i'ay maintenant monftré
par l'exemple de la caille & de l'homme. Ie
conclus donc maintenant de tout ce difcours,
que non feulement la premiere concoction
qui eft celle du vétricule, fe fait mieux en ceux
qui dorment qu'en ceux qui veillent , mais
auffi la troifiefme, & qu'il y à quelque proprieté de la chaleur, par laquelle le ventricule
fait le chyle, de la premiere conclufion, il s'enfuit auffi qu'il eft meilleur de manger d'avantage à fouper & moins à difner, ce que toutefois je voy reprouver à beaucoup de perfon-
nes qui difent avoir obfervé que s'ils mágent
plus à fouper qu'a difner, ou bien mefme autant, que toute nuit ils fe fentent l'eftomach
chargé, & font travaillez d'inquietudes. Leur
dire fans doute eft veritable, mais donnants le
blafme de ceci, pluftoft au fouper qu'au difner
c'eft enquoy ils errent grandement, il faut

donc fcavoir que la plus grande partie de ces
perſonnages, ſont gens qui ne dejeunent vo-
lontiers, & s'il leur advient, c'eſt petitement,
d'autant qu'ils employent la meilleure partie
du jour aux afaires, ſoient publiques, ſoient
particulieres, l'heure donc du diſner eſtant venue, qui eſt aux vns entre dix & vnze, aux
autres entre vnze & douze, ayants l'eſtomach
fort vuide, ils ont vn extreme appetit, auquel
ſe laiſſants emporter, ils mangent à bon eſci-
ent. L'heure du ſouper venue à cinq ou ſix heu
res de là, encore qu'ils n'ayent ſi bon appetit
qu'a diſné, à cauſe que l'eſtomach côtient encore quelque partie du diſné, ſi eſt ce qu'ale-
chez par la friandiſe des diverſes viandes, &
de leurs ſauces (qui ne devroient jamais eſtre
preſentees qu'a ceux qui ont faute d'appetit)
& puis par compagnie ils boivent & mangent
d'avátage qu'a diſner, ou autát pour le moins.
Eſt il donc eſtrange ſi toute nuit ils ſe ſentent
oppreſſez ? ne peuvent dormir ? & ſont en inquietudes? Car premierement, outre ce que
leur eſtomach n'eſtoit peut eſtre capable, de
ſa nature, de cuire tant d'aliments, deux fois
de jour, ils commettét vne grande faute, don-
nant autant & plus à la ſeconde fois, qu'a la

s'enfuit pour cela que la chaleur de tous les
ventricules foit femblable, car nous ne difons
pas, que tous les ventricules agiffants contre
diverfes matieres , produifent divers effets,
mais au contraire, nous difons que mettants
divers ventricules , en vne mefme matiere,
qu'il s'en enfuit bien fouvēt, divers & contraires effets, comme i'ay maintenant monftré
par l'exemple de la caille & de l'homme. Ie
conclus donc maintenant de tout ce difcours,
que non feulement la premiere concoction
qui eft celle du vētricule, ie fait mieux en ceux
qui dorment qu'en ceux qui veillent , mais
auffi la troifiefme, & qu'il y à quelque proprieté de la chaleur, par laquelle le ventricule
fait le chyle, de la premiere conclufion, il s'enfuit auffi qu'il eft meilleur de manger d'avantage à fouper & moins à difner, ce que toutefois je voy reprouver à beaucoup de perfon-
nes qui difent avoir obfervé que s'ils mâgent
plus à fouper qu'a difner, ou bien mefme au--
tant, que toute nuit ils fe fentent l'eftomach
chargé, & font travaillez d'inquietudes. Leur
dire fans doute eft veritable, mais donnants le
blafme de ceci, pluftoft au fouper qu'au difner
c'eft enquoy ils errent grandement, il faut

donc sçavoir que la plus grande partie de ces
personnages, sont gens qui ne dejeunent vo-
lontiers, & s'il leur advient, c'est petitement,
d'autant qu'ils employent la meilleure partie
du jour aux afaires, soient publiques, soient
particulieres, l'heure donc du disner estant venue, qui est aux vns entre dix & vnze, aux
autres entre vnze & douze, ayants l'estomach
fort vuide, ils ont vn extreme appetit, auquel
se laissants emporter, ils mangent à bon esci-
ent. L'heure du souper venue à cinq ou six heu
res de là, encore qu'ils n'ayent si bon appetit
qu'a disné, à cause que l'estomach côtient encore quelque partie du disné, si est ce qu'ale-
chez par la friandise des diverses viandes, &
de leurs sauces (qui ne devroient jamais estre
presentees qu'a ceux qui ont faute d'appetit)
& puis par compagnie ils boivent & mangent
d'avátage qu'a disner, ou autát pour le moins.
Est il donc estrange si toute nuit ils se sentent
oppressez ? ne peuvent dormir ? & sont en inquietudes? Car premierement, outre ce que
leur estomach n'estoit peut estre capable, de
sa nature, de cuire tant d'aliments, deux fois
de jour, ils commettét vne grande faute, don-
nant autant & plus à la seconde fois, qu'a la

premiere , l'eſtomach contenant encore vne
partie du diſner: car c'eſt le ſurcharger Secondement l'appetit n'eſtant ſi grand alors qu'à
diſner, & ce neantmoins luy en dóner autant
c'eſt luy faire violence. Mais encore qu'on face beaucoup plus d'exces à diſner (dira quelqu'vn) ſi eſt ce qu'on ne s'en reſent ſi longuement. A cela faut reſpondre , que l'eſtomach
qui eſt irrité par la quantité des aliments, aidé
du mouvement & de l'agitaſſion de l'apreſdi-
nee, en pouſſe vne partie dans les inteſtins , il
y à plus, car le foye eſtant plus vuide alors
que de nuiçt, attire puiſſammét des aliments
du ventricule. Car à cauſe que par l'exercice,
il ſe fait vne grande diſſipation tant des eſprits
animaux, que vitaux, & que les parties ſe de-
ſechent, le cerveau attire du cœur beaucoup
plus alors que de nuit , le cœur & les autres
parties, du foye, de ſorte que le foye ainſi ſuc-
cé de tous coſtez, attire auſſi des aliments du
ventricule ſon pourvoyeur, plus copieuſement
& le plus ſouvét avant qu'il les aye demy pre-
parez , ceci ne doit eſtre trouvé eſtrange, puiſque le ventricule par vne grande faim, ſe remplit bien de toutes ſortes d'excremét s,& meſme les attire du foye. Or durant le ſommeil,

outre que la diffipation à caufe du repos, n'eft
fi grande, il eft plain des àliments qu'il à atti-
rez des l'aprefdinee, voire qui n'eftoyent ainfi
que je vien de dire, que demy preparee, de maniere qu'il demeure bien plus longuement à
les cuire & fanguifier, & ainfi la quantité qui
charge l'eftomach y demeure plus longumēt.
Mais eft il vray que le mouvement ayde à de-
charger l'eftomach? Il n'en faut point douter
puifque l'expulfion, comme auffi l'attraction,
fe fait avec mouvement de la chofe pouffee,
ou attiree, c'eft pourquoy Hipp. efcrit, quant apho.14.
" qu'elqu'vn à beu de l'hellebore, il evacue liv.4.
" d'avantage par le mouvement: par le repos
" & par le fommeil, moins. Or la navigation
" demonftre que le mouvement esbranfle
le corps. Voila les raifons pour lefquelles on
ne refent tant (pour l'heure prefente) d'incommodité d'avoir commis exces au difner,
comme au fouper. Mais cependant à la lon-
gue, l'incōvenient en eft beaucoup plus grand,
car le foye fe rempliffant d'vn alimēt qui n'eft
à demy chylifié, à beaucoup de peine à le fanguifier, voire fouvent il n'en fait vn fang fi
louable qu'il devroit, de maniere que le corps
en fin fe remplit, d'vn mauvais fuc. Ce qui

n'adviendroit n'eſtoit ce mauvais ordre qu'on
obſerve à prendre les repas , qui ne ſeroit mal
aiſé à changer, avec le temps, car quant à ce
que|quelques vns alleguēt, qu'ils n'ont ſi bon
appetit à ſouper , ce n'eſt ordinairement pour
autre raiſon,ſinon que pource que ils ont man
gé beaucoup a diſné. Or tout ceci ſe doit entendre pour les hommes qui ſont ſains,& bien
diſpoſez: car pour les malades, & ceux qui en
approchent, & pour ceux qui ſont trop char-
gez de graiſſe, le dormir à jun eſt fort vtile,
car alors la chaleur eſtant moins agitee , &
moinsdiſſipee qu'en nul autre temps,en ceux
la elle cuit & prepare les humeurs,qui ſont
cauſes des maladies , en ceux ci elle
conſume la graiſſe peu à peu ,la fai-
ſant en partie ſervir daliment
à faute d'autre.

F I N.

QVE LA CONCOCTION DV
ventricule, laquelle eſt miſe pour la premiere,
ſe fait pluſtoſt & plus parfaitement en ceux
qui veillent qu'en ceux qui dorment, & qu'il
n'y à aucune proprieté de la chaleur, par laquelle l'Auſtruche cuiſe le fer, mais que cette concoction depend d'vne cauſe manifeſte.
A treſ-illuſtre & treſprudent Monſieur
Iean Camus Secretaire treſ-fidelle du Conſeil
ſecret du Roy.

Paradoxe huictieſme.

'EXPERIENCE, avec la rai-
ſon, prouve aſſez que la concoction qui ſe fait des alimẽts
dans le ventricule, eſt plus difficile, & plus tardiue de nuict,
& par le ſommeil. Car puiſque il n'y à que
huict heures du diſner au ſouper, & ſeize du
ſouper au diſner enſuivant, devant que le ven
tricule aye faim, c'eſt vn ſigne que la concoction eſt plus pareſſeuſe en ce dernier temps,

que non pas au premier. Car pourquoy 'ſi le
ventricule cuit mieux par le ſommeil, ne parfait il ſon œuvre en moins de temps, de ſorte
que celuy qui aura ſoupé à ſix heures ſe leve
preſſé de faim à minuict ? Par quelle raiſon
advient il que ceux qui n'ont accouſtumé de
dormir apres diſner, ſi d'adventure ils dormēt
à l'heure ordonnee de ſouper, ils ont moins de
faim que de couſtume. Voire pluſtoſt ſentent
leur ventricule encore chargé des aliments
qu'il n'a peu ſurmonter, au contraire ceux
qui veillent outre leur couſtume, ſont plus af-
famez, & portent moins le jeune ? Car pour
cette cauſe, ceux qui tirent l'huille & le vin,
d'autant qu'ils ſont contrains de paſſer plu--
ſieurs nuits ſans dormir, māgent de deux heu
res en deux heures, ou de trois en trois, & ce
tant de nuit que de jour. S'ils appetent tant
de fois, il faut qu'autant de fois le ventricule
ſoit vuide, afin qu'aucun ne raporte cet appetit au refroidiſſement de l'eſtomach, car c'eſt
pluſtoſt la chaleur native qui augmente l'ap--
petit des aliments. ainſi qu'enſeigne Gal. Et
c'eſt ainſi qu'il faut interpreter la ſentence
d'Hippocr. par laquelle il dit, que l'eau & la
veille ſont mangereſſes, encore que Galien
eſtime

eſtime autrement au comment. Pourquoy
eſt ce que nous ne conſeillons qn'vn chacun
dorme incontinent apres le repas, ſi la concoction ſe fait mieux en ceux qui dorment?mais
pluſtoſt on ordonne, que nous veillions quelques heures. Ne ſeroit il point plus expedient
qu'alors beaucoup de chaleur fut ramaſſee à
l'entour du ventricule , lors que l'aliment eſt
encore cru(d'autant qu'il ne vient que d'eſtre
pris) & eſtant encore beaucoup eſlongné de
la nature du chyle, que lors qu'il à deſia commencé à cháger? que ceux donc de cette opinion dorment incontinent apres ſouper , afin
que le plus difficile de l'œuure ſe face par l'aide du ſommeil,& le reſte par les veilles,&que
l'ordre accouſtumé de veiller & dormir ſoit
du tout chágé. Mais le vulgaire meſme à pour
ſuſpect le dormir du midi, non ſeulemét pour
ce qu'il remplit la teſte de vapeurs,& rend les
ſens ſtupides, & excite les fluxions, mais auſſi pource qu'il rend la concoction du ventricule plus tardive & plus difficile, tellemét que
Celſe à bien admonneſté que durát les longs
jours, quant il eſt queſtion de dormir , qu'il
faut pluſtoſt dormir devant le repas. Et quoy
ne voit on point que le dormir vn peu plus

long empesche d'avantage la concoction , &
que le court ne blesse pas tant ? Car par ce
moyen s'il y à quelque pesanteur en la teste
elle s'esvanouit. Mais si par le sommeil la concoction se faisoit mieux, le plus long seroit plus
profitable que le plus court. Car c'est ce qu'a
li·1·c· 97 aussi estimé Æginete disant , que le sommeil
du jour est moins propre, d'autât que le temps
durant lequel on dort de jour n'est suffisant
pour l'entiere concoction des aliments. Mais
(à mon jugement) le dormir d'apres disner
est nuisible, tant pour les raisons susdites, que
pour ce que la chaleur & l'esprit se mouve de
soy-mesme, à l'air lors qu'il est plus lumineux
& cependant le sommeil le contraint de retourner à ses entrailles. D'ou s'ensuit qu'estant tiré deçà, delà, en vn fort petit espace de temps,
il est lassé , & trouble le corps , & pour cette
raison, le sommeil du midi nuit plustost en esté
qu'en hyver, en vn lieu chaud & lumineux,
qu'en vn autre, d'autant que la lumiere & la
chaleur externe attirent d'avantage à soy en
ces lieux la chaleur native.

livr·7· de
la met. de
cur. ch. 7·   Or à ceci contredit manifestement Galien
lors qu'il advertit de donner les aliments qui
sont de plus difficile concoction à souper , &

u'entre les causes du defaut de la concoction
du ventricule, il met le sommeil, qui pour a-
voir esté trop court n'a peu vaincre les alimés.
Car le mesme a escrit que les aliments se cuisent tresbien par le sommeil, non seulement
dans le ventricule, mais aussi en toute l'habitude du corps, quant à nous, estants conduits
& de l'experience & de la raison nous defen-
dons, que n'y la premiere n'y la troisiesme
concoction n'est bien faite par le sommeil,
mais seulement la seconde qui se fait dans les
venes. Car d'autant qu'en ce temps le sang &
l'esprit recourent dans leurs entrailles, & retournent dans le cœur, dans les arteres & venes les plus grandes, les choses contenues en
icelles, qui ont besoin d'elaboratiõ, sont plus
exactement elaborés, & cependant que cela
se fait, les parties externes destituees de l'a-
bondance de la chaleur influente, ne peuvent
exercer si bien leurs fonctions naturelles, lesquelles sur toutes sont aidees par la veille &
par l'excercice, ce qui à fait qu'Hippoc. à dit
que le travail est vtile aux articles & aux chairs
l'aliment & le sommeil aux entrailles. Or que
la chaleur durãt le dormir retourne au dedans
ceci l'enseigne, c'est ascavoir que ceux qui dor

liv. 3. des
cau. des
sympt. c.
1.
liv. 1. des
cauf. des
sympt,

liv. 6. epi.
sect. 5.
aph. 10.

D ij

ment ont besoin de plus de couverture, que que ceux qui veillent, car de celuy qui veille les parties externes sont plus chaudes les internes plus froides, de celuy qui dort au contraire, comme enseigne le mesme Hippocr.

li.6.epid. sect.4 aphor.9.

de ces choses on peut inferer, que la troisiesme concoction qui se fait en toute l'habitude du corps, ne se parfait exactement par le sommeil puisque toute concoction se plaist en la presence de beaucoup da chaleur. Mais les choses qui sont crues dans les venes, se meurissent & se parfont. Et pourtant les rustiques qui dorment plus profondement, sont moins blessez des mauvais aliments, comme admonneste Galien, d'autant que l'aliment

liv. 1. de la fac. des alim. c. 1.

qui n'est assez cuit de jour, estant tiré dans les venes eux travaillants, reçoit par aprés par le sommeil vne parfaite concoction. Ainsi au livre de conserver la santé, il remarque que les aliments demy cuits, se cuisent par le sommeil

liv. 4.

& sont rendus vtiles, & qu'il n'y à rien qui cuise si bien ce qui se peut cuire, & digere & dissipe les mauvais humeurs par insensible transpiration, que le sommeil, & principalement aprés le bain. Mais que l'action du ventricule est tres-tardive par le sommeil, il est assez con-

rmé par ce qu'il enseigne au mesme traiƈté, lir t.
qu'il se faut garder de donner aucune chose
au petit enfant devant le bain ou la friction.
" Cela se fera(dit il) si la nourrice observe le
" temps apres vn fort long sommeil pour ad-
" ministrer ces choses, car c'est en ce temps
" principalemēt,auq̄l on trouve le ventricule
" vuide entierement, ou bien cuit ce qui y est
resté. Or est il qu'il y à beaucoup de chaleur aux petis enfans, qui peut en peu de téps
changer le lait,si donc il faut vn treslong sommeil pour parfaire ce qui par la veille à accous-
tumé d'estre fait en peu d'heure,qui dira que
la concoƈtion du ventricule est aidee du sommeil? Ce ne sera sans propos, que je mettray
en avant la coustume tref-vulgaire pour argument, puisque la force de la coustume est
tresgrande, non seulement pource qu'elle est
bien souvent comme vne autre nature , mais
aussi pource que tacitement elle demonstre, liv. 5. de
ce qui convient à chaque nature. I'ay Gal. conf.la
" pour auteur de cette opinion escrivant, ceux santé.
" qui s'accoustument à quelque chose ,choi-
" sissent le plus souvent vne coustume selon
" leur nature, d'autant que blessez des choses
" qui ne sont telles,ils les repudient,quelques

" vns toutefois, ou vaincus du plaiſir , ou par
" vne extreme ſtupidité ne ſe ſentent bleſſez
" perſiſtent en mauvaiſes couſtumes ; mais
" ceux ci ſont peu, les autres ſont pluſieurs, &
" derechef, vous vſerez des choſes ſemblables
" principalement quant vous les aurez ainſi
" accouſtumees. Or l'vne de ces choſes ordi-
" nairement arrive d'avantage, comme ſi les
" natures d'elles meſmes & ſans Docteur choi-
" ſiſſoient les choſes qui luy ſont les plus con-
" venables, & en la methode, il ne faut eſti-
" mer la couſtume pour choſe de peu, & de
" legere conſideration, quant il eſt queſtion

liv. 9. de
la meth.
de curer
chap. 16.

" de recercher les remedes, comme auſſi pour
" conſerver la ſanté, car il n'y à aucun ſi ſtupi-
" de qu'eſtant grandement bleſſé de boire de
" l'eau, qui veille en continuer l'vſage long
" temps. Or eſt il que preſque tous ceux qui
ont des moyens, vſent pluſtoſt de viandes roties que bouillies au ſouper. Mais les viandes
roties ſe cuiſent plus facilement que les bouillies, d'autât qu'elles ſont plus garnies de l'humeur naturel, ſi elles ſont bien appreſtees, car
des viandes bouillies la meilleure portion de
l'humidité s'en va au bouillon, d'ou il advient
que ſi vous faites bouillir la chair parfaitement

elle deviendra aride & fans fuc. Mais les chofes les plus feches fe cuifent plus mal aifement
comme eftants fort eflongnees de la nature
& du chyle & des humeurs. Pour cette caufe Aph. 16.
liv. 1.
Hippocr. enfeigne que le vivre humide eft pro
pre aux febricitants, non feulement pour refi-
fter à la ficcité caufee par la chaleur ignee (ce
qui n'eft à negliger)mais principalemét d'autant qu'il eft plus facilemét cuit & alteré. Car
les aliments humides approchent plus de la
nature du chyle & des humeurs. Mais les cho
fes qui fymbolifent fe changent plus facile- li. 2. de la
gen.&cor.
ment les vnes aux autres, comme Arift.prou-
ve des elements, de ces chofes i'eftime , qu'il
eft manifefte que la premiere concoction,qui
appartient au ventricule , eft plus tardive en
ceux qui dorment qu'en ceux qui veillent,ainfi
qu'outre l'experience les raifons convenantes
en tout & par tout, & la couftume demonftre
manifeftement , il refte que nous commencions à enfeigner par quel moyen ceci fe fait.
Arift. cognoit vne feule caufe du fommeil, aux liv.du
doi mit &
afcavoir l'evaporation qui fe fait d'embas au veill. liv.
cerveau, ce que reprenant Galien il eftime 2. des
pait.des
qu'il procede de la feule retraction de la cha- anim. &
leur dans les parties internes,qui arrive à cau- aux prob.

se de la diffolution d'icelle, Argentier rapor-
tant toute l'occafion du fommeil à la chaleur
naturelle, veut qu'il y ait plufieurs caufes de
fa retraction aux entrailles, afcavoir ou le defaut du fujet, ou que la chaleur eft repouffee,
ou qu'elle eft revoquee a fes fontaines. Quant
à moy j'eftime que c'eft à caufe de la feule
quantité, que l'efprit ou la chaleur autrefois
fe cache au dedans, autrefois paroiffe au de-
hors, & foit plus abondant aux parties externes, ce qui fe fait lors que le cœur, & les plus
grands vaiffeaux fes voifins, eftans plus am-
plement abondants en icelle, elle s'efpant li-
brement en tout le corps de tous les coftez,
alors eft la veille, & les fens exterieurs exercēt
leurs fonctions. Mais en fin la plus grande
portion de ce qui eftoit fuperflu aux entrailles
eftant confumee par la veille, le refte ne fe recule qu'avec difficulté de fon centre, & lors fe
fait le fommeil, qui eft fur tous les autres naturel, durant lequel il fe fait nouvelle provi-
fion. Alors donc le fommeil preffe, quant la
chaleur influente eftant en trefpetite quantité
ne peut fuffire aux organes des fens, & que
fa trefpetite portion à grand peine touche les
extremitez du corps. Car je ne voy point

pourquoy nous devions diré que la chaleur
recoure au dedans ou foit revoquee des entrailles, puifque n'y les parties de noftre corps
n'y l'inftrument commun des facultésne font
raifonnables pluftoft à la façon d'vn fleuve
(car tu peux bien comparer avec Ariftote, la
chaleur influente comme auffi le feu à vn fleu
ve) eftant accreue elle inonde, autrement elle eft contenue en fon creux ou principe, elle
ne fe recule de fa fontaine. Ces chofes ainfi
pofees il ne fera difficile (à mon jugement)de
comprendre qui eft la caufe que le ventricule
cuit plus imbecilement par le fommeil, la caufe donc eft, que la chaleur influente ne pou-
vant s'efloigner du cœur en ceux qui dormēt,
mais eftant cōtenue comme renfermee dans
les venes & arteres les plus grandes, le ventricule n'eft moins deftitué de fa faveur que
les parties de noftre corps les plus eflongnees.
Mais fi la chaleur qui perpetuellement fluë eft
communiquee principalement par les arteres
ne vient aux parties la chaleur native n'a point
ou c'eft fort peu, de force, parquoy celuy qui
veille cuit plus d'aliments en fix heures, que
celuy qui dort en douze, & pour cette raifon,
nous avons encore befoin de la veille du ma-

tin & de l'excercice devant difner, & fi apres
fouper on ne veille quelques heures,afin que
la cócoction fe face pour la plus grande partie
& que fes premiers fondements (qui eft le
plus difficile de toute l'œuvre) foient bien jet-
tez devant que commencer à dormir, n'y le
vétricule cuira bien, n'y le dormir ne fera pai-
fible,principalement quant on aura pris beaucoup d'aliments & de difficile digeftion, D'on
s'enfuit fans doute que les aliments font prin-
liv. II.
chap. I.
cipalement vaincus par la veille, ainfi que Pli-
ne à remarqué. Ce que le vulgaire cognoift
auffi, confeillant d'aider à la digeftion par le
promener. Nous eftimons que ceci à efté receu il y a ja long temps,des Medecins & Phi-
lofophes (defquels l'opinion à efté telle) puis
traduit de main en main,& obfervé jufques à
prefent, comme auffi ils ont cōfeillé plufieurs
autres chofes bien à propos,qui ont cō nencé
à eftre acoutumees deflors.Mais tu diras,lors
que la chaleur eft le plus cōtenue dans les entrailles & que n'eftant efpandue, elle eft co-
pieufe dans le cœur, la grande artere , la vene
cave, & mefme au foye, & à la rate, le ventricule fera efchauffé d'avantage par le fommeil
puifque il eft environné de toutes ces partie

Ie reſpon que comme la ſuperficie de tout le
corps eſtant d'avantage deſtituee de toute
chaleur, eſt froide, qu'ainſi la partie exterieure des entrailles eſt moins chaude , d'autant
que la chaleur influente eſt ramaſſee comme
en ſon cêtre. Or les entrailles ſuſdites aſcavoir
le foye, la rate, la grand' artere, & la vene cave
ne touchent le ventricule que de leur partie
exterieure, d'ou s'êſuit qu'elles luy ſont moins
favorables alors, que par les veilles , puiſque
alors la chaleur eſt eſpandue de tous coſtez,
Et voila la premiere & principale raiſon pour
laquelle le ventricule à moins de force de cuire par le ſommeil , le peu de chaleur influente
en eſt cauſe. Nous en avons excogité vne autre tout maintenant, laquelle n'eſtant à meſ-
priſer, je la veux adjouſter icy, elle eſt priſe de
la ſituation du ventricule en ceux qui veillent
& en ceux qui dorment , pour la raiſon de laquelle il ſe peut faire, qu'en ceux qui ſont couchez la digeſtion eſt plus tardive & plus difficile, qu'en ceux qui ſe promenent, ou ſont debout, ou meſme ſont aſſis , car ceux qui ſont
couchez, ont le vêtricule en vne autre ſituatiõ
que ceux qui ſont debout , en ceux ci les ali-
méts preſſét plus le fond, laquelle partie eſtât

plus charnue, le ventricule en cuit plus parfaitement, en ceux qui font couchez, l'aliment
touche pluſtoſt les coſtez, le dextre ou le ſe-
neſtre, l'anterieur ou le poſterieur, ſelon
qu'on eſt couché diverſement, qui fait que
l'orifice ſuperieur du ventricule (Gal. l'appele
ſouvétefois l'eſtomach) eſt mal clos au grand
dommage de la digeſtion. Mais l'aliment eſtant coulé par ſa peſanteur juſques au fond, les
parties ſuperieures ſe peuvent reſerrer plus e-
xactement, ſi quelqu'vn en veut faire l'eſpreu-
ve par les ſemblables il l'experimentera en la
veſſie en vn ſac & autres vaiſſeaux deſquels
les coſtez peuuét ceder, aſcauoir eſtans plains
ſelon la diverſe ſituatió l'orifice ſuperieur bail-
lera ou ſe fermera plus facilement, en ceci
meſme la ſecouſſe fait le meſme que nos ver-
tricules, c'eſt aſcavoir que les choſes contenues eſtants paſſees juſques au fond, l'orifice
ſe ferme ſans aucune difficulté, à ces choſe
que nous eſtimons eſtre aſſez prouvees par l
demóſtration des ſens, s'acorde ce qui à eſt
dit vn peu au parauant, que le dormir du jou
n'eſtát point couché la digeſtion en eſt moin
offencee. Car celuy qui dort eſtant aſſis, o
appuyé ſus le coude, d'autant qu'il à le ventri

cule droict, cuit bien mieux les alimens que s'il estoit couché, & pour cette raison encore que les malades ne dorment cuisent & plus difficilement & plus tard d'autant qu'ils sont continuellement couchez qui fait que l'aliment ne presse jamais assez le fond du ventricule. Mais tout aussi tost qu'ils commencent à se tenir debout, ou se promener ou mesme s'assoir alors on voit qu'ils appetét mieux & cuisent mieux. Finalement que le fond du vétricule pource qu'il est plus charnu, à plus de force pour cuire les autres parties du vétricule, il sera maintenant sans doute de ce que les animaux qui sont douez d'vn vétricule plus craf se, cōmele genre des oyseaux, cuisent les choses les plus solides. Mais commençons maintenant à expliquer cecy, car nous l'avons aussi promis.

La chaleur influente, qui se nomme aussi coustumierement naturelle, est souvent signifiee par le nom d'esprit, il y à long téps qu'on croit & Gal. en passant l'a signifié, qu'elle ha quelque proprieté par laquelle s'exerce vne admirable faculté de cuire en quelques animaux, & la posterité s'est facilement persuadé que cela n'avoit point esté proferé temeraire-

au 2. liv. des fac. nat. ch. 8

ment. Car par qu'elle raison se fait il que les plus petis oyseaux viennent a bout des grains tresdurs, & tressecs, les poules pulverisent & changent les petites pierres , & le sable, les cailles cuisent l'hellebore, & les estourneaux la cicuë, toutes lesquelles choses ne peuvent aucunement estre vaincues , n'y domtées par nostre chaleur. L'Austruche n'a elle point la force de cuire le fer par l'œuvre d'vne chaleur plus vehemente ? Mais le Lion qui est beaucoup plus chaud que l'Austruche ne peut faire cela, comme respond Aphrodisee. D'ou on peut inferer, que ce n'est n'y par la force n'y par l'ardeur de la chaleur , mais par la forme ou temperament & par vne certaine proprieté du ventricule que se faict son action. Ne'st-ce point que le genre des oyseaux exerce plus heureusement la faculté de cuire , d'autant qn'il à leventricule beaucoup plus charnu que tout le reste des animaux? Car pour cette cause ayant en soy beaucoup de chaleur naturelle il peut surmonter toutes les choses les plus solides. Mais je veux quant je di beaucoup de chaleur qu'il soit entendu en la signification en laquelle Hippocr. l'a escrit, quant il dit, les corps qui croissent ont beaucoup de chaleur

au procf. de ses probl.

Aph. 14. liu. 1.

native,&non pour vn plus haut degré de chaleur. Cependant qu'il n'y à aucune proprieté
de la chaleur ou de l'efprit, mais que fon effi-
cace procede d'vne certaine mediocrité ou
temperamant, outre ce que nous en avons ja
dit ceci le prouve affez, qui eft que les poules
couvants d'autres œufs que les fiens comme
ceux des oyes & perdrix, il en fort des oyfons
& perdreaux. S'il y à quelque proprieté de la
chaleur, n'eft il point neceffaire que la poulle
profite feulement couvant les œufs de fon e-
fpece? Mais la feule mediocrité de la chaleur
fait cela, qui mouve & excite les facultés ca--
chees dans l'œuf, & qui font comme liees,&
qu'elles font apres la conformation des parties du corps, elle les fomente, de peur qu'elles foyent empefchees par le froid exterieur,
& pourtât non feulement on croit que la chaleur d'vn oyfeau d'vne autre & diverfe efpece,
peut efclorre les petis mais auffi la chaleur du
four ou du fumier, ce qu'on raconte fe faire
en quelques regions.